하루 이야기 한 편

우리
아기를 위한
시간

KB241862

담푸스

출산 후에도 읽어 주세요

이 그림책에는 《하루 이야기 한 편 우리 아기를 위한 시간》에 담긴 다섯 편의 이야기가 들어 있습니다. 배 속 아기에게 읽어 주었던 그림책을 출산 후에 읽어 주었더니 적극적인 반응을 보였다는 실험 결과가 있습니다. 배 속에서 뿐만 아니라 태어난 뒤에도 읽어 주는 것이 아기의 정서에 긍정적인 효과를 주는 것이지요. 출산 후 아이에게도 꼭 읽어 주세요.

목차

남편이 삽을 빌려 줄까?

뚝딱뚝딱. 벽에 못을 박는 소리가 들리네. 무슨 일이냐고? 한 부부가 이사를 했거든. 부부는 함께 짐을 풀고, 옷과 그릇을 차곡차곡 정리했어. 남편이 정리된 모습을 보고 흐뭇하게 웃으며 말했지.

"여보, 정리를 참 잘했지요?"

"맞아요. 참 잘했어요. 이제 액자만 달면 될 것 같아요."

"알았어요. 당신은 좀 쉬어요. 내가 못을 박을게요."

"위치는 다 표시해
두었어요."

아내는 자리에 털썩 앉았어.
남편은 연장통에서 망치와 못을 꺼내서 못을 박기 시
작했어.

뚝딱뚝딱. 남편은 두 번째 못을 박고 액자를 걸었
지.

"이렇게 걸면 되지요?"

"네, 맞아요. 이제 한 개 남았어요."

"알았어요. 금방 할게요."

남편은 세 번째 못을 박으려고 망치를 들었어. 그런
데 그때 망치를 놓쳐 버렸지 뭐야.

쿵. 망치가 바닥에 떨어졌어. 아내가 벌떡 일어나며
말했어.

"여보, 안 다쳤어요?"

"응, 난 괜찮아요. 그런데 망치 자루가 뚝 부러졌네요."

"아, 그러네요. 그럼 다음에 할까요?"

"아니에요. 내가 옆집에 가서 망치를 빌려 올게요."

남편은 부러진 망치를 한쪽으로 치우고 옆집으로 갔어.

똑똑. 남편이 문을 두드리자 옆집 주인이 빠끔히 얼굴을 내밀었지.

"누구시오?"

"네. 저는 옆집에 이사 온 사람입니다."

"그런데요?"

"제가 액자를 달

다가 망치가 떨어져서 그만 망치 자루가 부러졌어요. 그래서 망치를 좀 빌리려고 왔습니다."

"빌려 줄 수 없어요. 나는 남한테 절대로 연장을 빌려 주지 않아요."

"아, 그래도 한 번만……."

남편이 그래도 한 번만 빌려 달라고 말하려고 했는데, 말이 끝나기도 전에 문이 쾅 닫혀 버렸어. 남편은 할 수 없이 빈손으로 돌아왔어. 액자는 어떻게 달았느냐고? 다음 날, 망치를 새로 사서 달았지, 뭐. 그리고 며칠이 지났어.

똑똑. 누가 문을 두드리기에 남편이 문을 열고 나갔지. 문 앞에는 그 퉁명스러운 옆집 주인이 서 있었어. 남편이 물었지.

"어쩐 일이십니까?"

"내가 아주 급히 쓸 데가 있어서 그러니 삽 좀 빌려

주실 수 없겠소? 빨리 쓰고 가져다 드리겠소."

옆집 주인의 말이 끝나자, 남편이 말했지. 뭐라고 말했을까?

"며칠 전에 내가 망치를 빌리러 갔을 때 뭐라고 하셨지요? 연장을 남에게 빌려 주지 않는다고 하셨지요? 저도 그렇습니다."

이렇게 말하고 문을 쾅 닫았을까? 궁금하다고? 그럼 잘 들어 봐. 무슨 말을 하는지 말이야.

쾅. 어, 정말 문이 쾅 닫혔네. 그런데 며칠 전과는 상황이 달랐어. 남편은 "잠시만요."라고 말하고 문을 닫았거든. 그리고 잠시 후에 문을 다시 열었지. 남편은 삽을 들고 나와 말했어.

"삽을 쓴 지가 오래돼서 찾는 데 시간이 좀 걸렸어요. 여기 있습니다. 다 쓰시면 가져다 주세요."

옆집 주인은 삽을 받으며 겸연쩍은 표정으로 말했지.

"제가 며칠 전에 망치를 빌려 드리지 않았는데, 어떻게 저에게는 선뜻 삽을 내주나요?"

남편은 환한 표정을 지으며 말했어.

"저는 연장을 그리 소중히 생각하지 않습니다. 제가 소중히 생각하는 것은 따로 있습니다."

"그것이 무엇인지요?"

"사람입니다."

끄덕끄덕. 옆집 주인은 고개를 끄덕이며 그 자리에 서 있었어. 마음에 부끄러움이 잔뜩 들어가서 몸이 무

거워진 모양이야.

"급하다면서요. 얼른 가서 일 보세요."

남편이 친절하게 말했어. 그제야 옆집 주인은 고맙다며 꾸벅 인사를 하고 일을 하러 갔지.

문을 잠그는 이유가 뭘까?

벚나무 거리로 유명한 하얀 마을에는 작은 집 열 채가 나란히 있어. 작은 집에 사는 사람들은 오순도순 정답게 살았지. 한 집에서 반찬을 만들어 나눠 주기도 하고, 일주일에 한 번은 모두 한 집에 모여 저녁을 같이 먹기도 했어. 어느 집에 슬픈 일이 있으면 모두 찾아가서 위로해 주고, 기쁜 일이 있으면 함께 기뻐해 주었지. 하지만 4월만큼은 왕래가 별로 없었어. 4월에 벚꽃이 피면 발 디딜 틈도 없을 정도로 사람들이 많이 찾아오거든.

지금 들려줄 이야기는 하얀 마을에 있는 작은 집 열 채 중에 세 번째 집의 이야기야. 세 번째 집은 초록색 지붕과 파란색 문이 선명해서 눈에 가장 잘 띄는 집이지. 그 집에는 루비 아줌마와 아들이 살고 있어. 아들은 올해로 여덟 살이 되었지. 루비 아줌마는 몇 살이냐고? 아, 우리 아기는 아직 모르겠구나. 어른한테는 몇 살이냐고 묻는 게 아니라, "연세가 어떻게 되세요?" 하고 묻는 거야. 그럼 연세가 어떻게 되시냐고? 그건 비밀이야. 누가 루비 아줌마에게 나이를 물으면, 아줌마는 이렇게 대답하거든. "숙녀에게 나이를 묻는 건 실례랍니다."라고 말이야.

4월의 어느 날이었어. 루비 아줌마에게 아들이 말했지.

"엄마, 올해는 사람들이 더 많이 찾아오는 거 같아요."

"그래, 그렇구나. 저번에 텔레비전에 나와서 그런지, 사람이 더 많이 찾아오는 거 같구나."

"맞아요."

"오늘은 우리도 나가서 벚꽃 구경 좀 해 볼까? 시장에 가서 반찬거리도 사 오고 말이야."

"헤헤, 좋아요."

"우리 그냥 간장에 밥을 찍어 먹을까?"

"엄마, 그건 너무해요."

"왜?"

"간장에 밥을 찍어 먹다니……. 맛이 없을 거예요."

"그럼 뭐가 맛이 있을까?"

"생선이랑, 김이랑, 돌자반이랑, 오징어 볶음이랑, 김치찌개랑, 된장찌개랑, 콩나물 무침이랑, 장조림이랑……."

아들은 먹고 싶은 반찬을 줄줄 말했어. 엄마는 그 모습을 보고 피식 웃으며 말했지.

"우리 아들, 반찬 이름 말하다가 밤새겠다. 그만하고, 엄마랑 시장에 가서 같이 고르자."

"야호! 좋아요."

루비 아줌마는 시장바구니를 챙겼어. 아들은 점퍼를 입고 양말을 신었지. 루비 아줌마가 현관을 나서자 아들이 따라 나섰어. 아줌마는 열쇠로 문을 잠그고, 손잡이를 이리저리 돌려 보았지. 그 모습을 보며 아들이 물었어.

"엄마, 잘 잠겼나 보는 거예요?"

"그래."

"혹시 도둑이 들어올까 봐 확실히 잠그시는 거죠?"

"아니, 도둑 때문이 아니라 정직한 사람을 위해서란다."

아줌마의 말에 아들은 이해할 수 없다는 표정을 지으며 물었지.

"왜 정직한 사람을 위해서 문을 잠가요?"

"그게 궁금하니?"

"네."

"그래, 그럼 얘기해 줄게. 길을 가다 문이 열려 있는 집을 보면 정직하게 살던 사람이라도 남의 물건에 욕심이 생길 수 있는 법이거든. 그래서 문을 꼭 잠가 두는 거야. 도둑이야 문이 잠겨 있어도 어떻게든 문을 열어서 물건을 훔칠 거야. 하지만 착하고 정직한 사람도 문이 열려 있으면 한순간 그릇된 마음을 먹고 나쁜 잘못을 저지를 수 있단다. 나로 인해 다른 사람이 잘

못을 저지르지 않도록 처음부터 그럴 만한 상황은 만들지 말아야 하는 거야. 이해가 되니?"

아들은 다 이해할 수는 없었지만, 대충 무슨 뜻인지 알아듣고 고개를 끄덕였어. 그리고 말했지.

"엄마, 문은 꼭꼭 잘 잠그시고요, 반찬은 장조림하고 생선이요!"

"귀여운 내 아들! 그래, 오늘 저녁 반찬은 장조림하고 생선이다."

"야호!"

루비 아줌마는 아들의 손을 꼭 잡고 벚꽃 길을 걸었어. 눈송이처럼 떨어지는 벚꽃을 맞으며 생각했지. 아들이 착하고 정직하고 건강하게 잘 자라만 준다면 더 바랄 것이 없다고 말이야.

리오야, 잘 생각해 봐

교실에서 아이들이 왁자지껄 떠들고 있어. 모두 신이 난 표정으로 말이야. 왜 신이 났냐고? 바로 오늘이 방학식이거든. 방학하면 학교에 나오지 않으니까 좋은 거야. 왜 좋으냐고? 쿨쿨 늦잠을 잘 수도 있고, 친구들과 놀이터에서 오랫동안 놀 수도 있거든. 시골에 놀러 가도 되고, 온종일 모래 놀이를 해도 되거든. 그러니까 다들 좋아하는 거야.

이제 선생님이 "자, 이제 방학이다!"라고 한마디만

하면 방학이 시작돼.

"자, 이제 방학이다!"

선생님이 말씀하셨네.

"우아!"

"야호!"

"와!"

아이들은 함성을 지르며 기뻐했어. 선생님과 아이
들은 인사를 나누었지. 아이들은 삼삼오오 모여서 교
실을 나갔어.

"리오야, 같이 가자!"

리오의 뒤에서 서호가 큰 소리로 말했어.

"응, 그래, 같이 가자!"

리오가 멈춰 서서 서호를 기다렸어. 서호는 잽싸게

뛰어와서 리오 옆에 섰지.

"오늘 너희 집에서 놀아도 돼?"

서호가 물었어.

"응, 엄마가 친구 데리고 와도 된다고 했어."

"야호!"

서호와 리오는 발걸음을 맞추며 걸었어. 리오의 집에 거의 다 도착했을 때, 서호가 물었지.

"참, 너 아니?"

"뭘?"

"우리 선생님이 저녁마다 대통령과 이야기를 나눈다는 거 말이야."

"에이, 그건 말도 안 돼. 선생님이 대통령과 이야기를 나눌 리가 없잖아. 그리고 네가 그걸 어떻게 안단 말이야?"

"어제 선생님이 그렇게 말씀하셨으니까 알지."

"선생님이 거짓말하는 게 아닐까?"

"아니야! 그건 말이 안 되잖아."

"에이, 선생님과 대통령이 이야기 나누는 게 더 말이 안 되지."

"아니지, 생각해 봐. 대통령이 거짓말하는 사람과 말씀을 나누시겠니?"

"엥? 그게 무슨 말이야?"

"리오야, 잘 생각해 봐."

서호가 리오의 어깨를 토닥이며 말했어. 리오는 고개를 가우뚱했지.

"서호야, 네가 잘 생각해 봐야 하는 거 아닐까?"

"아니야, 리오야. 네가 잘 생각해 봐야 해."

서호가 아주 당당하게 말해서 리오는 더 따질 수 없었어. 할 수 없이 집에 들어가서 신나게 놀기는 했는데, 리오는 계속 이상했대. 분명히 서호가 잘 생각해 봐야 할 거 같아서 말이야.

도둑을 위해서 기도하자고요?

어느 시골에 사는 선생이 제자와 함께 예루살렘으로 여행을 떠나게 되었어. 제자는 짐을 싸면서 들뜬 목소리로 말했지.

"선생님, 드디어 여행 가는 날이에요!"

"그래, 그렇게 신이 나느냐?"

"네, 그럼요. 얼마나 기다렸는데요."

"하하, 그래, 네가 기쁘다니 나도 좋구나. 그럼 이제 떠나 볼까?"

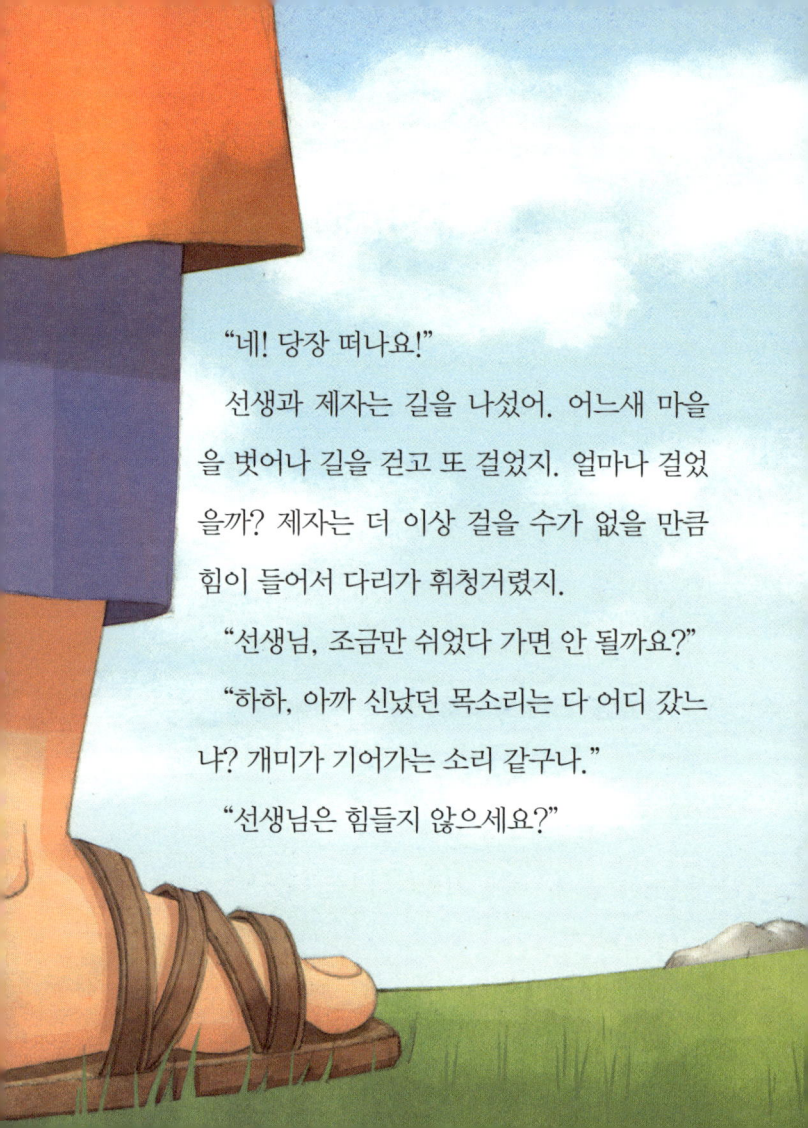

"네! 당장 떠나요!"

선생과 제자는 길을 나섰어. 어느새 마을을 벗어나 길을 걷고 또 걸었지. 얼마나 걸었을까? 제자는 더 이상 걸을 수가 없을 만큼 힘이 들어서 다리가 휘청거렸지.

"선생님, 조금만 쉬었다 가면 안 될까요?"

"하하, 아까 신났던 목소리는 다 어디 갔느냐? 개미가 기어가는 소리 같구나."

"선생님은 힘들지 않으세요?"

"왜 안 힘들겠니? 어른이 되면 힘들지 않은 척을 할 뿐이지, 힘들지 않은 건 아니란다."

"헤헤, 그럼 여기 좀 앉았다 가요."

"그래, 그러자."

선생과 제자는 한적한 언덕에 앉아서 숨을 고르고 있었어. 그런데 바로 그때였어. 어디선가 불쑥 도둑들이 나타나 소리쳤지.

"꼼짝 마! 가진 돈을 다 내 놔라!"

깜짝 놀란 제자는 선생의 옆으로 더 가까이 가서 선생의 팔을 잡았지. 제자가 부들부들 떠는 게 느껴져서 선생은 제자의 손을 꼭 잡아 주었어.

"돈을 내놓지 않고 뭐하고 있느냐?"

도둑이 선생에게 윽박질렀고, 선생은 침착해지려고 애쓰며 말했지.

"나는 선생이오. 이 아이는 내 제자요. 우린 예루살렘으로 가는 길인데, 가진 것이 별로 없다오."

"헛소리하지 말고 있는 대로 다 내 놔!"

선생은 할 수 없이 가지고 있는 돈을 탈탈 털어 주었어. 도둑은 돈이 더 있을 것 같았는지, 짐을 다 헤집어 보았지. 돈이 없는 것을 확인하고서야 쏜살같이 사라졌어. 제자는 여전히 떨고 있었고, 선생은 괜찮다며 제자의 어깨를 꼭 감싸 주었지. 그러자 제자가 선생에게 말했어.

"선생님, 저런 도둑들은 다 없어져 버려야 해요."

"애야, 우리는 공부를 한 사람들이다. 그리고 앞으로도 공부하며 지혜를 쌓아갈 사람들이다. 그런 우리가 그렇게 이야기하면 안 된단다."

"그럼 어떻게 이야기해야 되나요?"

"도둑들에게 벌주는 건 우리에게 아무 이익도 되지 않아. 화를 내면 우리 마음만 어지럽혀지지. 우리가 해야 할 건 그들을 위한 기도야. 자기들이 지은 잘못을 뉘우치고 착한 사람이 되기를 기도해야지. 도둑들이 잘못을 뉘우치고 착한 사람이 되어야 우리 사회에 이익이 되는 거지. 우리 사회가 좋아지면 우리도 좋은 거 아니겠니?"

할아버지는 과일나무를 심으셨지

　진이는 기지개를 쭉 켜면서 일어났어. 그리고 주위를 둘러보았지.

　"어, 여기가 어디였지?"

　진이가 혼잣말을 하고 다시 둘러보는데, 아하! 딱 생각이 났네.

　"우리 예쁜 공주님, 이제 일어났어?"

　할아버지가 벙긋 웃으며 물었지.

　"할아버지, 나는 할아버지 집에 온 걸 까먹고 있었

어."

"허허, 그새 까먹었어?"

"응, 자고 일어나니까 헷갈렸어."

"그럼 이제 알아?"

"응, 엄마가 할아버지 집에서 놀
다 오라고 데려다 주고 갔잖아."

"허허, 맞네. 우리 공주님이 아주
똑똑해요."

할아버지는 벙실벙실 웃고, 진이
는 엉글엉글 웃었어.

"그럼 이제 할아버지랑 뒤뜰에
나가자!"

"뒤뜰에는 왜?"

"나무 심으러 가기로 했잖아."

"아, 맞다!"

진이는 할아버지를 따라 뒤뜰로 갔어. 새벽에 부슬부슬 비가 와서 땅이 촉촉했고, 살랑살랑 바람이 불었지. 나무 심기에 딱 좋은 날씨였어. 할아버지는 뒤뜰에 어린 과일나무를 심었어.

"자, 이제 다 됐다. 땅을 꾹꾹 눌러 볼까?"

"응, 할아버지."

진이는 할아버지를 따라 땅을 꾹꾹 밟았어.

"자, 이제 정말 다 됐다."

"할아버지, 이 나무에서 언제쯤 과일을 딸 수 있어?"

"우리 예쁜 공주님이 커서 시집을 가고 예쁜 딸을

낳을 때쯤에 아주 맛있는 과일을 딸 수 있을 거야."

할아버지의 대답에 진이는 폴짝폴짝 뛰면서 손뼉을
쳤어.

"우와! 신난다. 할아버지, 그럼 그때 내가 이 나무에
서 가장 예쁘고 맛있는 과일을 따서 할아버지한테 줄
게."

할아버지는 손사래를 치며 말했어.

"진이야, 그건 아니야."

"왜요, 할아버지?"

"저길 봐라. 저기 과일이 풍성하게 열린 과일나무가
있지?"

할아버지가 손가락으로 가리키는 곳에는 정말 풍성
하게 과일이 열린 과일나무가 있었어. 진이는 그 과일
나무를 보며 고개를 끄덕였지. 할아버지는 이어서 말
했어.

"저 나무는 내가 진이 만했을 때 내 할아버지께서 심어 주신 과일나무란다. 나는 그와 같은 일을 하는 것뿐이지. 내가 지금까지 저 나무에서 열매를 따서 먹는 것처럼 너도 지금 심는 나무에서 오래도록 열매를 따서 먹어라. 할아버지는 그걸 위해서 나무를 심은 거란다. 널 위해서 말이다."

"알았어요, 할아버지. 그럼 나도 열매를 맛있게 따서 먹고, 할머니가 되면 이렇게 나무를 심을게요."

"허허, 맞네. 우리 예쁜 공주님이 아주 똑똑해요."

할아버지는 벙실벙실 웃고, 진이는 엉글엉글 웃었어.